BEI GRIN MACHT SICH IHR
WISSEN BEZAHLT

- Wir veröffentlichen Ihre Hausarbeit,
  Bachelor- und Masterarbeit

- Ihr eigenes eBook und Buch -
  weltweit in allen wichtigen Shops

- Verdienen Sie an jedem Verkauf

Jetzt bei www.GRIN.com hochladen
und kostenlos publizieren

Daniel Lautenbacher

20 Minuten für gutes Hardwareverständnis bei Personal Computersystemen

GRIN Verlag

Bibliografische Information der Deutschen Nationalbibliothek:

Die Deutsche Bibliothek verzeichnet diese Publikation in der Deutschen National-
bibliografie; detaillierte bibliografische Daten sind im Internet über http://dnb.d-
nb.de/ abrufbar.

Impressum:

Copyright © 2011 GRIN Verlag, Open Publishing GmbH
Druck und Bindung: Books on Demand GmbH, Norderstedt Germany
ISBN: 978-3-640-90751-9

Dieses Buch bei GRIN:

http://www.grin.com/de/e-book/171292/20-minuten-fuer-gutes-hardwareverstaend-
nis-bei-personal-computersystemen

GRIN - Your knowledge has value

Der GRIN Verlag publiziert seit 1998 wissenschaftliche Arbeiten von Studenten, Hochschullehrern und anderen Akademikern als eBook und gedrucktes Buch. Die Verlagswebsite www.grin.com ist die ideale Plattform zur Veröffentlichung von Hausarbeiten, Abschlussarbeiten, wissenschaftlichen Aufsätzen, Dissertationen und Fachbüchern.

Besuchen Sie uns im Internet:

http://www.grin.com/

http://www.facebook.com/grincom

http://www.twitter.com/grin_com

Daniel Lautenbacher

20 Minuten für gutes

Hardwareverständnis

bei Personal Computersystemen

Inhalt

Vorwort

In diesem kurzen Buch möchte ich Ihnen die Bauweise eines Personal Computers in kurzer Zeit näher bringen. Hierzu werden wir im Verlauf des Buches auf die unterschiedlichen Komponenten eines Personal Computers eingehen.

Das Ziel dieses Buches ist es, Ihnen diese Komponenten näher zu bringen, indem Sie lernen:

- *Welche Funktionen die einzelnen Komponenten erfüllen.*

- *Welche Eigenschaften sie besitzen.*

- *Inwieweit einzelne Komponenten kompatibel zueinander sind.*

- *Wie Sie die Stabilität und die Geschwindigkeit des Systems beeinflussen können.*

- *Und wie Sie auf Basis dieses Wissens selbst ein PC-System zusammenstellen können.*

Ich werde in diesem Buch nur auf die Details eingehen, die zur Erfüllung der oben genannten Ziele unabdingbar notwendig sind.

Im Anschluss daran finden Sie am Ende des Buches noch eine Checkliste und ein Glossar.

Wichtiger Hinweis:

Trennen Sie den Computer und alle Komponenten vor Veränderungen der Hardware oder beim Zusammensetzen der Komponenten stets vollständig vom Stromnetz.

Sorgen Sie dafür, dass Sie keine elektrostatische Ladung mehr besitzen, fassen Sie hierzu am besten an verschiedene metallische blanke Flächen, wie z. B. Heizkörper, um sich zu entladen. Ein ESD-Stromschlag kann Ihre Hardware zerstören!

Beachten Sie stets die Hinweise und Warnhinweise, die in den Handbüchern der einzelnen Komponenten aufgeführt sind.

Der Autor übernimmt keine Haftung für Schäden jedweder Art, auch nicht für Personenschäden, die durch unsachgemäße oder falsche Anwendung dieses Buches entstehen können. Dieses Buch ist für reine Informationszwecke und ist keine Montageanleitung. Für Irrtümer, Fehler und Druckfehler übernimmt der Autor ebenfalls keine Haftung. Schadensersatzansprüche aus jedwedem Grund sind ausgeschlossen. Sollten einzelne Bestimmungen ungültig sein, bleiben die verbleibenden Bestimmungen hiervon unberührt.

Verwendete Produktnamen, Warenzeichen und geschützte Warenzeichen sind im Besitz ihrer jeweiligen Eigentümer und wurden in der Regel nicht als solche kenntlich gemacht. Die Verwendung dient nur der Information. Das Fehlen einer solchen Kennzeichnung bedeutet nicht, dass es sich um einen freien Namen im Sinne des Waren- und Markenzeichenrechts handelt. Der Autor erkennt alle Produktnamen und Warenzeichen an. Alle Rechte vorbehalten. Kein Teil dieser Publikation darf in irgendeiner Form ohne schriftliche Genehmigung des Autors reproduziert oder unter Verwendung elektronischer Systeme verarbeitet, vervielfältigt oder verbreitet werden.

Grundbestandteile eines Computers

DAS MAINBOARD oder auch Motherboard genannt, ist das Herzstück eines Computers. Auf ihm werden alle wichtigen Bestandteile eines Computers montiert. Auch wird das Mainboard mit dem Netzteil zur Stromversorgung der Hauptkomponenten verbunden.

Darunter fallen als Hauptkomponenten:

- Prozessor (CPU)
- Arbeitsspeicher
- Grafikkarte

Bei der Auswahl des Mainboards ist u. a. auf den Formfaktor (die Größe des Mainboards), den Chipsatz, die Art und Geschwindigkeit des montierbaren Arbeitsspeichers, sowie auf den Sockel („Anschluss des Prozessors") zu achten.

Die beiden wichtigsten Formfaktoren sind ATX und Mikro-ATX (qATX).
ATX Mainboards sind größer als Mikro-ATX Mainboards und passen nicht in alle gängigen Gehäuse, achten Sie deshalb auch darauf ob das Mainboard, dass Sie ausgewählt haben in das Gehäuse passt.

DER CHIPSATZ beinhaltet die wichtigsten Funktionen eines Mainboards:
Die Art und Geschwindigkeit des Arbeitsspeichers sowie Prozessors, USB, SATA, PCIe Anschlüsse etc. sind von ihm in Art, Umfang und Geschwindigkeit abhängig.

Da die Art und Geschwindigkeit des Arbeitsspeichers bei einer handelsüblichen Bezeichnung nicht sofort abgelesen werden kann, wenden wir uns diesem Thema erst in der Rubrik Arbeitsspeicher zu.

AUF DEN SOCKEL wird der Prozessor (CPU) gesetzt. Es gibt viele unterschiedliche Arten von Sockeln u. a. den AM3-Sockel von AMD und den Sockel 1366 von Intel.

Eine handelsübliche Bezeichnung für ein Mainboard wäre:
Asus M4A79T Deluxe 790FX AM3 ATX

Diese Bezeichnung zerlegen wir nun in Ihre verschiedenen Bestandteile:

Hersteller	Modell	Chipsatz	Sockel	Formfaktor
Asus	M4A79T Deluxe	790FX	AM3	ATX

Sie sehen, die wichtigsten Informationen sehen Sie bereits auf den ersten Blick.

Achten Sie beim Kauf eines Mainboards auf das passende Netzteil.
Stromanschlüsse sind wie folgt ausgewiesen: „24 Pin + 8 Pin" oder „ATX 2.x" oder „EPS" etc.

DER PROZESSOR ist die zentrale Recheneinheit eines Computers. Er übernimmt fast alle Berechnungen in einem Computer, die zur Ausführung eines Programms benötigt werden. Die Geschwindigkeit (Taktfrequenz) eines Prozessors wird in GHz gemessen. Er verfügt über einen eigenen „kleinen Arbeitsspeicher" der in unterschiedliche Schichten aufgeteilt ist (Level1, Level 2 und Level 3 Cache) indem er wichtige Bestandteile eines Programmes auslagern kann.

Die beiden wichtigsten Hersteller sind AMD und Intel.

Prozessoren benutzen unterschiedliche Sockel, wie wir bereits im vorherigen Teil festgestellt haben. Nachstehend sehen Sie eine Tabelle, in der, die für uns wichtigsten Sockel, Ihren Herstellern zugeordnet werden:

AMD	Intel
AM2	775
AM2+	1155
AM3	1156
AM3+	1366

Sie können, wie Sie sehen, aufgrund des Sockels auch sehr leicht sofort den Hersteller erkennen.

Die heutigen Prozessoren verfügen meistens über mehrere Rechenkerne, hierdurch können gleichzeitig, mehrere Rechenoperationen, **zur gleichen Zeit** ausgeführt werden.

Prozessoren werden meistens in 2 Varianten verkauft, Boxed und Tray.
Bei der Boxed Variante erhalten Sie einen Standardkühler für den Prozessor als Beigabe. Bei der Tray Variante hingegen erhalten Sie nur den Prozessor.

Wichtig: Ein Prozessor muss immer gekühlt werden!
Achten Sie beim Kauf eines Kühlers ebenfalls auf den Sockel und verwenden Sie die beigelegte Wärmeleitpaste, die zwischen den Kühler und den Prozessor aufgetragen wird.

Eine handelsübliche Bezeichnung für einen Prozessor bei AMD wäre:

Hersteller	Modell	Kerne	Leistung	Geschwindigkeit	Sockel	Version
AMD	Phenom II	X6	1055T	6x 2.80 GHz	So.AM3	Box

Bei Intel gilt es bis dato zu beachten, dass nicht alle angegebenen Kerne, auch echte Kerne sind. Da Intel die HT-Technologie verwendet, die virtuelle Kerne ermöglicht.

Hersteller	Modell	Kerne	Leistung	Geschwindigkeit	Sockel	Version
Intel	Core	i7	950	4x 3.06 GHz	So.1366	Box

DER ARBEITSSPEICHER (RAM) ist eine weitere Hauptkomponente, in ihm werden große Teile von Programmen und von Daten die sich gerade in Verwendung befinden zwischengespeichert. Da der Arbeitsspeicher eine viel höhere Lesegeschwindigkeit erreicht als Festplatten, ermöglicht dies ein schnelleres Arbeiten. Ist der Arbeitsspeicher zu klein, müssen Teile trotzdem erst noch mehrmals von der Festplatte geladen werden, bevor diese verarbeitet werden können. Was massive Geschwindigkeitseinbrüche zur Folge haben kann.

In der heutigen Zeit empfehle ich Ihnen die Verwendung von 4 GB Arbeitsspeicher bis hin zu 8 GB, falls Sie ein 64 Bit (x64) Betriebssystem verwenden.

Achten Sie darauf, dass die Module stets vom gleichen Hersteller sind (bei z. B. 2 mal 2 GB). Ein Mainboard hat in der Regel 4 Steckplätze, für jeweils, ein Arbeitsspeicher-Modul, diese 4 Steckplätze sind wiederum in 2 Farben aufgeteilt (z. B. Rot und Blau).

Ich empfehle die Verwendung von 2 oder von 4 Modulen, gleicher Größe, Geschwindigkeit und des gleichen Herstellers. Sollten Sie nur 2 Module verwenden, so achten Sie darauf, dass sich die Module, in den beiden Steckplätzen, der gleichen Farbe befinden. Setzen Sie hierbei das erste Modul in den Steckplatz, der sich am nächsten zum Prozessor befindet. Somit erzielen Sie ein bestmögliches Ergebnis.

Arbeitsspeicher gibt es heutzutage in 2 für uns wichtigen Varianten. (Bauform, im weiteren Verlauf „RAM-Art" genannt):

DDR2-Ram
DDR3-Ram

Beachten Sie das SO oder auch SO-Dimm für Notebooks gedacht ist.

Ihr Mainboard und Prozessor unterstützt aufgrund Ihres Chipsatzes und oder Speichercontrollers des Prozessors, in den meisten Fällen, jeweils nur eine dieser Arbeitsspeicher-Arten. Als Hilfestellung sehen Sie sich bitte folgende Tabelle an:

Sockel	RAM-Art
AM2	DDR2
AM2+	DDR2
AM3	DDR2 / DDR3*
AM3+	DDR3
775	DDR2 / DDR3*

Sockel	RAM-Art
1155	DDR3
1156	-*
1366	DDR3
*hängt vom Verwendeten	
Prozessor ab.	

Welcher Arbeitsspeicher und mit welcher maximalen Geschwindigkeit die Module unterstützt werden, entnehmen Sie bitte den Details Ihres jeweiligen Mainboards.

Desto höher der Takt und desto niedriger die Latenz, desto schneller ist der RAM.

Handelsübliche Bezeichnung:

Größe	Hersteller	RAM-Art	Geschwindigkeit	Modul	Latenz	Anzahl*
4 GB	Mushkin	DDR3	1600	DIMM	CL7	Dual Kit*

* in diesem Fall 2 Arbeitsspeicher Module (also 2 x 2 GB).

DIE GRAFIKKARTE ist für die Berechnung von Bildern im Computer zuständig. Moderne Grafikkarten benutzen den PCIe (PCI Express) Anschluss auf dem Mainboard und werden dort hineingesteckt, zumeist in den obersten, dem nächstgelegenen zum Prozessor. Auf einigen Mainboards ist dieser Anschluss auch farblich markiert.

Achten Sie darauf, dass Ihr Mainboard einen solchen Anschluss besitzt, mit der Geschwindigkeit x16, meistens ausgewiesen durch „PCIe x16".

Einige moderne Grafikkarten benötigen auch zusätzlichen Strom vom Netzteil des Computers, achten Sie hierbei auf die Details Ihrer Grafikkarte und die des Netzteils, die benötigten Stromanschlüsse werden zumeist wie folgt ausgewiesen:
„1x PCI-Express 6+2-polig" / „1x PCI-Express 6 polig"

Bei Grafikkarten gibt es dann noch zusätzlich einige Faktoren zu beachten wie:

- **Speicherinterface / Speicherbus:** Ich empfehle die Verwendung von Grafikkarten mit einem Speicherinterface von mindestens 256 Bit.

- **GPU-Takt:** Der Takt des Grafikprozessors

- **GRAM-Takt:** Der Takt des Grafikspeichers (der Arbeitsspeicher der Grafikkarte).

- **GDDR:** Die Art des Grafikspeichers, von der auch der ausgewiesene Takt abhängig ist.

- Die Größe des Grafikspeichers.

Desto höher der Takt des Grafikprozessors und des Grafikspeichers, desto schneller ist die Grafikkarte, vorausgesetzt das Speicherinterface beschränkt dies nicht.

Die beiden wichtigsten Chip-Hersteller sind ATI/AMD (Radeon HD) und NVIDIA (GeForce).

Wenn Sie CAD Anwendungen benutzen, möchten so müssen Sie eine Workstation Grafikkarte kaufen.

Möchten Sie Ihren Computer privat, für Filme und oder für PC-Spiele verwenden, so kaufen Sie auf keinen Fall eine Workstation Grafikkarte.

Handelsübliche Bezeichnung bei AMD/ATI – Grafikkarten:

RAM-Größe	Hersteller	Chipart	Leistungskennziffer	Art	Anschluss
4096 MB	Sapphire	Radeon HD	6990	GDDR5	PCIe

DIE FESTPLATTE ist der physikalische Datenträger eines Computers. Auf ihr werden alle Daten fest gespeichert und sind auch nach einem Neustart noch verfügbar.

Bei heutigen Festplatten gibt es nicht sehr viel zu beachten. Die meisten Festplatten benutzen einen SATA-Anschluss und benötigen ein Netzteil mit einem SATA-Stromanschluss.

Die Festplatte wird mit einem SATA-Kabel mit dem Mainboard verbunden.

Beachten sollte man: Die Größe, die Umdrehungsgeschwindigkeit, den Formfaktor und den Cache.

Eine Festplatte sollte heutzutage 500 - 1000 GB haben und eine Umdrehungsgeschwindigkeit von 7200 rpm. Eine Festplatte mit einer niedrigeren Umdrehungsgeschwindigkeit ist zwar etwas langsamer, dafür aber in den meisten Fällen Stromsparender und Leiser, wobei Letzteres der Hauptgrund für eine langsamer drehende Festplatte sein sollte.

Der Cache einer Festplatte ist wieder so etwas wie ein „kleiner Arbeitsspeicher", nur eben bei einer Festplatte. Zumeist hat eine Festplatte einen Cache von, 8 MB, 16 MB, 32 MB oder sogar 64 MB. Wobei ich persönlich, wenn möglich, immer einen möglichst großen Cache bevorzugen würde. Dies ist auch bei der Arbeit mit sehr großen Dateien sinnvoll.

Der Formfaktor der Festplatte gibt die Größe der Festplatte an, im Wesentlichen gibt es zwei Größen:
3,5 Zoll oder auch 3.5 " – 3,5-Zoll-Festplatten sind „normale Festplatten".
2,5 Zoll oder auch 2.5 „ – 2,5-Zoll-Festplatten werden zumeist in Notebooks verbaut, da sie kleiner sind.

Handelsübliche Bezeichnung:

Größe	Hersteller	Modell	Cache	Formfaktor
2000 GB	Western Digital	Caviar Green WD20EARS	64 MB	3.5"

OPTISCHE LAUFWERKE haben ebenfalls heutzutage meistens einen SATA-Anschluss und benötigen einen SATA-Stromanschluss. Intern zu verbauende optische Laufwerke haben meistens eine Größe von 5,25 Zoll.

Optische Laufwerke werden benötigt zum Brennen und Lesen von CDs, DVDs, Blue-Rays etc. Achten Sie darauf, dass Sie ein Laufwerk kaufen, das Sie auch wirklich nutzen wollen/können. Beachten Sie das Brenner selbstverständlich auch lesen können. *Bulk=Ohne Extras | Retail=Farbiger Karton + evtl. Handbuch, Software*

Handelsübliche Bezeichnung:

Hersteller	Art	Modell	Anschluss	Weiteres
LG Electronics	DVD-Brenner	GH22NS50	SATA	Schwarz Bulk

DAS NETZTEIL (NT) versorgt alle Ihre Komponenten mit Strom. Bei der Wahl des Netzteils sollten Sie auf die vorhandenen Anschlüsse sowie auch auf die Qualität und Leistungsangaben achten. Sie müssen sicherstellen das, das Netzteil alle vorhandenen Komponenten mit Strom versorgen kann, sowohl von der Anzahl der Anschlüsse, als auch von der Stromstärke und der Wattanzahl.

Im Folgenden benutzen wird beispielhaft die Angaben des „be quiet! Straight Power E8 500 Watt" Netzteils.

Ist der für Ihr Mainboard benötigte Hauptanschluss aufgeführt?

1 x ATX (20-polig), Kabellänge 55 cm oder
1 x ATX 2.x (24-polig), Kabellänge 55 cm oder
1 x EPS (24-polig), Kabellänge 55 cm

Einige Mainboards benötigen auch einen Zusatzanschluss, ist dieser ebenfalls aufgeführt?

1 x ATX12V (8-polig), Kabellänge 1x 70 cm

Sind genügend Anschlüsse für Ihre Laufwerke vorhanden?

5 x 5,25 Zoll
2 x 3,5 Zoll
6 x SATA

Sind die passenden Anschlüsse für Ihre Grafikkarte vorhanden?

1x PCI-Express 6+2-polig
1x PCI-Express 6-polig

Haben Sie die passende Bauform gewählt?
ATX

Achten Sie unbedingt auf die Stromstärken der einzelnen Leitungen. Gerne können Sie die folgenden Angaben als Richtwert nutzen. Beachten Sie allerdings das einige Netzteile nur zwei 12 V Leitungen besitzen, achten Sie hierbei darauf, dass jede Leitung mindestens 21 Ampere hat.

+3,3V	24 Ampere
+5Vsb	3 Ampere
+5V	22 Ampere
+12V1	18 Ampere
+12V2	18 Ampere
+12V3	18 Ampere
+12V4	18 Ampere
+12V	Gesamt: 36 Ampere
-12V	0.3 Ampere

Desto höher der Ampere Wert und desto mehr 12V Leitungen, desto besser.

Neben der Stromstärke spielen selbstverständlich auch die Watt eine wichtige Rolle. Lassen Sie sich aber nicht von den angegebenen Watt täuschen! Einige Netzteile mit 1000 Watt bieten nur die gleiche Leistung wie ein 500-Watt-Netzteil.

Um zu ermitteln, wie viel Watt Ihr Netzteil haben sollte:

- Berechnen Sie für Ihr Mainboard 50 Watt, 100 Watt, falls Ihr Mainboard eine Onboard Grafikkarte hat.

- Berechnen Sie für jede Festplatte 10 Watt.

- Für jedes Arbeitsspeichermodul 2 Watt

- Für jeden Lüfter 1 Watt

- Für jedes optische Laufwerk 20 Watt, bei Brennern 30 Watt.

- Wie viel Watt bei voller Auslastung von Ihrem Prozessor und Ihrer Grafikkarte verbraucht werden, erfahren Sie in den Details. Dieser Wert wird als TDP ausgeschrieben, z. B. „TDP: 45 Watt".

Auch schadet es nicht ein Netzteil mit speziellen Schutzfunktionen wie etwa Schutz vor Stromspitzen (OCP), Überspannungsschutz (OVP), Unterspannungsschutz (UVP), Überlastschutz (OLP/OPP), Kurzschlussschutz (SCP) und Überhitzungsschutz (OTP) zu wählen.

Wenn Sie Strom sparen möchten, so achten Sie auch auf die Effizienz Ihres Netzteils und wählen Sie ein Netzteil mit einer Effizienz von 80 Prozent oder mehr.

Hier einige Beispiele von handelsüblichen Bezeichnungen:

Watt	Hersteller	Model	Effizienz	Art
550W	Be quiet!	System Power BQT S6	80+	BULK

Watt	Hersteller	Model	Effizienz
650W	XFX	Pro Core Edition	80+ Bronze

Bulk=Ohne Extras | Retail=Farbiger Karton + evtl. Handbuch, Software

DAS GEHÄUSE ist, wie der Name schon sagt, das äußere Erscheinungsbild Ihres Computers. Es gibt Gehäuse in verschiedenen Bauarten und auch passt nicht in jedes Gehäuse jedes Mainboard.

Achten Sie deshalb darauf das:

- Die Bauform Ihres Mainboards, beim Gehäuse mit aufgelistet ist (z. B. ATX).

- Sie genügend Platz für Ihre Festplatten haben (3,5 Zoll Schächte).

- Sie genügend Platz für Ihre Laufwerke haben (5,25 Zoll Schächte).

Es gibt drei Arten von Gehäusen, die für uns wichtig sind:

- Midi-Tower, das sind „normal" große Gehäuse, die meistens senkrecht auf den Boden gestellt werden. Ein Midi-Tower ist ca. 43 cm hoch.

- Big-Tower sind etwas größere Gehäuse, die ebenfalls senkrecht auf den Boden gestellt werden. Ein Big-Tower ist ca. 60 cm hoch.

- Desktop-Gehäuse, sind im Prinzip genauso groß wie Midi-Tower, nur das sie meistens flach, auf z. B. einen Tisch gestellt werden. Ein Desktop-Gehäuse ist ca. 39 cm breit, 12 cm Hoch und 41 cm Tief.

Für welches Gehäuse Sie sich letztendlich entscheiden, ist Ihnen überlassen. Achten Sie jedoch wie bereits erwähnt darauf, dass alle Ihre Komponenten im zukünftigen Gehäuse auch Platz haben werden.

Einige Gehäuse werden sogar mit bereits eingebautem Netzteil verkauft, hiervon rate ich allerdings persönlich ab.

Einige handelsübliche Bezeichnungen:

Mainboard Größe	Hersteller	Model	Art	NT*	Sonstiges
ATX	Antec	Gamer Case Three Hundred	Midi Tower	o.NT	Schwarz

*NT=Netzteil

Modulare Bauweise eines Computers

AUF WAS IST BEI DER ZUSAMMENSTELLUNG EINES NEUEN COMPUTERS ZU ACHTEN?

Wie wir dies bereits in den vorangegangenen Rubriken erläutert haben, ist es wichtig, dass alle Komponenten auch zusammenpassen. Dabei spielen die Bauform (z. B. ATX), der Sockel (z. B. AM3+) und die Art des Arbeitsspeichers (z. B. DDR3) die wichtigste Rolle.

Wenn Sie die passenden Komponenten zusammengestellt haben, brauchen Sie diese nur noch anschrauben und miteinander verbinden. Wobei anzumerken ist, dass dies in den meisten Fällen ohne die Anwendung von Gewalt möglich ist.

Beachten Sie auch, dass der Prozessor nicht einfach gesteckt wird, Sie müssen zuerst den Sockel mit einem kleinen Hebel verschieben. Wie das genau bei jedem einzelnen Sockel funktioniert steht in Ihrem Mainboardhandbuch.

Den Einschalt-Knopf Ihres Gehäuses verbinden Sie in den meisten Fällen durch das Kabel „Power S/W" mit dem Mainboard. Hierbei hilft Ihnen selbstverständlich auch wieder das Handbuch zu Ihrem jeweiligen Mainboard.

BEI DER SYSTEMART sollte man sich auch sicher sein. Möchten Sie einen Computer für Ihr Büro, für HD-Filme oder zum Spielen von Computer-Spielen bauen, ist eine wichtige Frage.

- Wenn Sie Ihren Computer nur für das Büro bzw. die Arbeit mit Word verwenden möchten, reicht in der Regel eine Onboard-Grafikkarte aus.

- Möchten Sie Ihren Computer z. B. nur für HD-Filme verwenden, reicht eine schwache Grafikkarte aus, die auch ohne zusätzliche Stromversorgung auskommt, als Beispiel würde ich hier die „ATI Radeon HD 5450" nennen können.

- Möchten Sie Ihren Computer für Spiele verwenden, so achten Sie auf das Speicherinterface von 256 Bit bei Grafikkarten und verwenden Sie auf jeden Fall mindestens 4 GB Arbeitsspeicher.

Achten Sie auch zusätzlich darauf, dass die Komponenten nicht nur technisch zusammenpassen. Bei einem System mit einem AMD-Prozessor liegt es auf der Hand, das die Verwendung eines Mainboard mit AMD Chipsatz und AMD/ATI Grafikkarte stabiler sein könnte, als eine andere Kombination von Komponenten.

Dies könnte selbstverständlich auch für eine Kombination, bestehend aus einer NVIDIA-Grafikkarte mit einem NVIDIA-Mainboard-Chipsatz übereinstimmen.

Wichtige Schnittstellen

PCI (Peripheral Component Interconnect) ist eine Schnittstelle die es ermöglicht weitere Komponenten, in Form von Steckkarten, mit dem Chipsatz des Prozessors zu verbinden. Um so weitere Anschlüsse oder Funktionen zur Verfügung zu stellen.

PCIe (Peripheral Component Interconnect Express) ist der Nachfolger von PCI, der im Vergleich zu seinem Vorgänger höhere Datenübertragungsraten ermöglicht. Diese Schnittstelle, erlaubt es unter anderem moderne Grafikkarten in Computer einzubauen.

SATA (Serial ATA) ist für den Austausch von Daten zwischen der Festplatte und dem Prozessor gedacht. Die Verbindung erfolgt über ein Flachbandkabel zwischen Festplatte und Mainboard.

USB (Universal Serial Bus) ist eine Schnittstelle die den universellen Anschluss von Externen Geräten an den Computer mit nur einem Anschluss sicherstellen soll. Der besondere Vorteil dieser Schnittstelle ist das sogar im laufenden Betrieb, externe Geräte mit dem Computer verbunden werden können.

FireWire (i.Link / IEEE 194) ist eine von Apple entwickelte Schnittstelle um den schnellen Austausch von Daten mit externen Geräten zu ermöglichen.

DVI (Digital Visual Interface) ist eine Schnittstelle zur Übertragung von Videodaten. Dieser Anschluss wird heute am meisten bei der Verbindung der Grafikkarte mit dem Monitor verwendet.

HDMI (High Definition Multimedia Interface) ist eine Schnittstelle zur Übertragung von Audio- und Videodaten.

Checkliste

☐ Der Prozessorsockel passt zum Mainboard.

☐ Der Arbeitsspeicher passt zum Mainboard/Prozessor.

☐ Die Arbeitsspeicher Module sind vom selben Hersteller.

☐ Die Arbeitsspeicher Module sind genauso schnell.

☐ Es liegt eine gleiche Anzahl von RAM-Modulen vor, z. B. 2x2GB oder 4x2GB.

☐ Das Mainboard passt in das Gehäuse.

☐ Das Netzteil hat den passenden Formfaktor für das Gehäuse.

☐ Das Netzteil passt zum Mainboard und hat die nötigen Anschlüsse.

☐ Die Grafikkarte passt zum Mainboard.

☐ Das Netzteil passt zur Grafikkarte und hat die nötigen Anschlüsse.

☐ Die Festplatten und Laufwerke passen in das Gehäuse.

☐ Das Netzteil verfügt über Anschlussmöglichkeiten für alle Festplatten/Laufwerke.

☐ Ein Prozessor Kühler ist vorhanden.

Bei Büro-Computern:

☐ Eine Onboard-Grafikkarte ist vorhanden.